农药减量控害实战丛书

土壤熏蒸与山药高产栽培

彩·色·图·说

欧阳灿彬　曹坳程　著

中国农业出版社

北　京

前　言

　　山药为缠绕草质藤本植物薯蓣根状茎的通称，是《中华本草》收载的草药，药用来源为薯蓣科植物干燥根茎。我国山药种植分布具有典型的中药材种植的特点，即地域性很强，从而造成了各主产区山药种植有很高的集中度，种植带的形成提高了山药的规模化、区域化、产业化程度。

　　山药病害有线虫病、炭疽病、枯萎病、褐斑病、根腐病等；虫害有蛴螬、斜纹夜蛾、薯蓣叶蜂等，多数都与土传病原微生物有关。华北地区以线虫病较多，江淮流域以炭疽病及线虫病为主。由于山药生产集中成片的特点，多年连茬种植，造成土壤中虫卵、病原菌积累，毁灭性土传病害如线虫病、黑斑病等连年发生，病情越来越重，作物产量和品质受到严重影响。

　　传统控制土传病害一般采用灌根的方法，需要多次用药，并且效果一般，而且极易引起农药残留超标问题。而土壤熏蒸处理是在作物种植前对土壤进行处理，能有效控制土传病虫害的发生，有效解决作物连作障碍，增强作物抗病性，显著提高农产品产量和品质。

　　土壤熏蒸技术在国际上应用已有70多年的历史，广泛应用于不同作物上防治土传病原真菌、细菌、线虫及杂草、地下害虫等。在我国，土壤熏蒸技术才刚刚起步，主要用于草莓、生姜、番茄、黄瓜、山药、三七、花卉、西瓜等高经济附加值作物上。采用土壤熏蒸消毒处理后，能够显著降低作物生育期其他病虫草害的发生和农药使用量。所采用的熏蒸剂分子量小、降解快，无地下水污染和农药残留问题，有利于环境保护和食品安全。

　　土壤熏蒸技术的具体应用涉及诸多关键技术和环节，在作物生长期需要配合清洁化田间管理措施，我们总结了多年的田间实践经验，编著了《土壤熏蒸与山药高产栽培彩色图说》一书，希望能够指导实际生产，对提高山药产量和农户收益起到积极作用。

著　者

2019年11月

目　　录

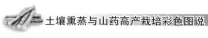

一、山药主要土传病虫害的危害及土壤消毒的必要性

　　我国是世界上最早进行山药人工栽培的国家，有约1 700年的栽培历史。21世纪后，全国山药种植面积稳步上升，种植面积在15万公顷以上。国内主要分布在山东、河南、河北、广西等省份；国外在朝鲜和日本也有种植。

露地种植山药

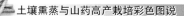

　　由于山药生产具有集中成片、露天种植的特点，多年连茬种植，造成土壤营养失衡，土壤中虫卵、病原菌积累，如果遭遇特殊气候变化，更会加剧病虫害的大暴发。毁灭性土传病害如线虫病、根腐病等连年发生，病情越来越重，山药产量和品质受到严重影响，危害山药的生产。

山药土传病害为害状

1.山药根结线虫病

山药根结线虫病又称水痘病，寄生后会对其地下块茎造成伤害，形成瘤状虫瘿。根结线虫的寄生同时还会诱发其他微生物侵染，导致地下块茎腐烂变质，造成极大的经济损失。

在发病前期，山药植株地上部分无明显变化，到了中后期其藤蔓生长不良、长势变弱，叶片面积较小，且颜色变淡，甚至枯黄脱落。受害块茎表面呈暗褐色，无光泽，大多数山药呈现畸形。在根结线虫的侵入点附近根组织向上肿胀突起，生成形状不一的瘤状物。后期感染部位重叠在一起，在瘤状物上长出一些白根，呈现为直径2～7毫米的虫根结，严重时虫根结愈合在一处，根系产生米粒大小的根结，剖开病部能见到乳白色线虫。感染后期，山药的表皮组织开始腐烂，内部变成深褐色。

山药根结线虫病症状

2. 山药根腐线虫病

山药根腐线虫病也称山药黑斑病，是由一种短体线虫为害造成的病害，该线虫是一类无色、透明、不分节的无脊椎动物，一般体长在1毫米之内，幼虫在10℃以下停止活动，主要分布在20厘米深的土层内。短体线虫侵入点会留下伤口，有利于其他病原的侵入而加重经济损失。

发病初期主要为害山药的种薯和幼根，后期主要为害山药的块茎，造成山药植株长势弱，块茎小且腐烂。根系受害，初期表现为水渍状、暗褐色损伤，随后受害处变成褐色缢缩，导致根部死亡。块茎受害，初期为浅红色小点，后为不规则微凹陷的红褐色病斑。单个病斑虽较小（直径2~4毫米），但受害重的块茎病斑密集，互相连接形成大片红褐色斑块，且内部腐烂，呈褐色海绵状。地上部表现为叶色淡绿、植株矮小，重则茎叶变黄，提前枯死。山药整个生长期均可发病，在高湿季节的初秋开始表现症状。块根贮藏期条件适宜，病斑继续扩展蔓延，后期病组

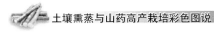
织失水干缩、表皮龟裂。

山药根腐线虫病症状

3.山药立枯病

山药立枯病由立枯丝核菌(*Rhizoctonia solani*)侵染引起，菌丝开始时无色，后期呈褐色，近分枝处形成分隔，呈缢缩状，菌丝一般为直角分枝。病菌主要是以菌丝体或菌核在病残体和土壤中越冬，存活期可长达3年。

山药立枯病又称山药茎腐病，通常在苗后直立生长期（5～6月）发生。地上部出现萎蔫继而倒伏症状；地下茎先产生黄褐色不规则形或长形凹陷病斑，随后逐渐干缩腐烂。发病初期是在藤蔓基部形成褐色不规则的斑点，继而变为深褐色的长形病斑，在病斑中部发生凹陷现象，严重时藤蔓的基部干缩，导致茎蔓枯死。根系发病，根部皮层变褐腐烂、脱落，维管束呈褐色，地上部叶色变黄，叶片干枯直至整株枯死。

山药立枯病症状

4. 山药糊头病

山药糊头病的病原不是很明确，有很大可能是真菌从线虫造成的伤口侵染发病。病原可能为放线菌疮痂链霉菌属（*Streptomyces*），病菌存活时间长，可在肥料、土壤、块茎中越冬，易发于中性或偏碱性土壤、沙土、旱土中。

初期表现为块茎上产生众多褐色小斑点，随着病情的加重，小斑点慢慢形成不规则斑点。表皮木栓化坏死，有大小不均的瘤状凸起或疮痂状破裂。最后导致山药块茎的表皮细胞坏死、僵硬。该病主要为害山药的生长点，山药生长点一旦感染此病即死亡，块茎不再向下生长，生长点逐渐变黑，病害向上扩展形成黑头。该病在河北省普遍发生，不同地块发病率相差悬殊，一般地块发病率不高，在田间呈点

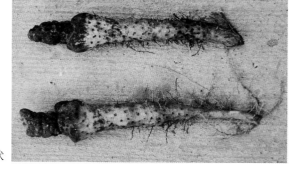

山药糊头病症状

片状零星分布，发病率在2%～5%。个别地块普遍发病，发病率高达80%～90%，重茬地、果树地改种山药地块发生严重，随着气温的升高病害加重。

5. 山药枯萎病

山药枯萎病为真菌病害，病原为半知菌类尖镰孢(*Fusarium oxysproum Schlecht*)。分生孢子主要有两种：大型分生孢子呈纺锤形或镰刀形，两端相对较尖，有3～4个隔膜；小型分生孢子数量较多，呈肾形、椭圆形或圆筒形。病菌可较长时间存活于土壤中，其分生孢子可在田间随风传播。

山药枯萎病俗称死藤病，主要对山药的茎蔓基部以及地下块茎造成一定危害，影响植株水分和养分的吸收、运输，最后造成藤蔓枯死。发病的块茎在皮孔的四周会生成暗褐色病斑，呈圆形或不规则形。须根和内部组织变为褐色且干腐。在山药贮藏期间，枯萎病仍然可继续发病。发病初期茎蔓基部生成呈棱条形湿腐状的褐色病斑，后期病斑会继续扩大，导致茎基部整个表皮逐渐腐烂，随后叶片黄化、脱落，最终茎蔓会逐渐枯死。山药枯萎病的发生概率较小，一般发生在高温多雨季节，且发生地区较少。但该病很难根除，对山药的生产有着潜在的影响，应给予高度重视。

山药枯萎病症状

6. 山药害虫

山药种植过程中的主要害虫包括山药叶甲虫、山药叶蜂、山药沟金针虫等，这些害虫的幼虫都可以在土壤中越冬。

山药叶甲虫多发于嫩芽和叶片上，天气变暖时，越冬虫蛹孵化，羽化为成虫，从而为害山药植株健康。山药叶甲虫活动时间主要为傍晚或上午10时左右，每年发生1代。山药叶蜂一般6～9月卵开始孵化，幼虫主要为害山药叶片，把叶片吃成网状。叶蜂食量非常大，每年易集体暴发2～3次，防治不及时会影响山药产量。山药沟金针虫属于多食性地下害虫，长期生活于土质疏松的粉沙壤土中，约需3年完成1代。第一年、第二年以幼虫越冬，第三年以

山药害虫为害状

成虫越冬。沟金针虫以幼虫钻入山药根部及茎的近地面部分为害，蛀食地下嫩茎及髓部，使植物幼苗地上部分叶片变黄、枯萎，为害严重时造成缺苗断垄。

7.土壤熏蒸的必要性

山药土传病害发生种类繁多，多年的连茬种植导致土传病虫累积严重，尤其是遇到极端气候条件导致土传病害大暴发，造成毁灭性的灾害。传统控制土传病害一般采用灌根的方法，需要多次用药，并且效果一般，而且极易引起农药残留超标问题。而土壤熏蒸处理的方法是在作物种植前对土壤进行用药，能有效控制土传病虫害的发生，有效解决作物连作障碍问题，增强作物抗病性，显著提高果品产量和品质，显著降低作物生育期其他病虫草害的发生和农药使用量。所采用的熏蒸剂分子量小、降解快，无地下水污染和农药残留问题，有利于环境保护和食品安全。

二、土壤熏蒸技术的特点

1.化学土壤熏蒸剂的特点

土壤熏蒸处理是将熏蒸剂注入土壤中，熏蒸剂可以均匀分布到土壤的各个角落，可快速、高效杀灭土壤中的真菌、细菌、线虫、杂草、土传病毒、地下害虫及啮齿类动物，是解决高经济附加值作物重茬问题，提高作物产量及品质的重要手段。在种植作物之前，土壤熏蒸剂在土壤中已分解、挥发，不会对作物造成药害。不像常规农药那样需要与植物直接接触而带来农药残留、地下水污染、抗药性产生等一系列问题，能很好地保护农业生态环境，保障农业的可持续发展。

2. 土壤中有益微生物的恢复

土壤熏蒸技术具有无选择性的灭杀特性，将有害的和有益的生物都一并杀灭。国外研究发现，针对顽固的土传病害，熏蒸是最有效的措施；熏蒸后的土壤2～3个月可自然恢复微生物菌群，且植物的长势好，抵抗力也大为增强，可大幅度提高作物的产量和品质。

3. 土壤熏蒸技术的应用前景

土壤熏蒸消毒技术的应用可以大幅减少土传病虫害的发生，减少作物生长期用药。美国每年销量前10位的农药中，有4种是土壤熏蒸剂。在日本，每年仅氯化苦土壤熏蒸剂的用量就近万吨。而我国每年土壤熏蒸剂的用量仅为3 000吨，可以预见，土壤熏蒸技术在我国发展潜力巨大。

三、土壤熏蒸药剂种类

目前应用于山药病虫害防治登记的土壤熏蒸剂品种很少。借鉴生姜和草莓等作物的土壤消毒技术，可用于山药种植前土壤熏蒸防治土传病害的药剂主要有氯化苦、棉隆、威百亩、噻唑磷、二甲基二硫等。

1. 氯化苦

氯化苦(chloropicrin)化

学名称为三氯硝基甲烷，分子式为CCl_3NO_2。

理化性质：外观为无色或淡黄色液体，有刺激性气味。沸点112.4℃，熔点－64℃。无爆炸和燃烧性，难溶于水，可溶于丙酮、苯、乙醚、乙醇和石油。化学性质稳定，吸附力很强，特别是在潮湿的物体上可保持很久。

毒性：氯化苦急性经口LD_{50}雌性大鼠为369毫克/千克，雄性大鼠为316毫克/千克。按照我国农药毒性分级标准，氯化苦急性经口毒性属于中毒。氯化苦具催泪作用，可强烈刺激呼吸器官和消化系统，对皮肤有腐蚀作用。在含2毫克/升氯化苦的空气中暴露10分钟或含0.8毫克/升氯化苦的空气中暴露30分钟能使人致死，但因强烈刺激黏膜引起流泪，可及时发现避免致死情况发生。

作用特点：氯化苦使用范围仅限于土壤熏蒸剂，对真菌、细菌、昆虫、螨类和鼠类均有杀灭作用，尤其对重茬病害效果最好。

制剂：国内获得生产许可和销售资质的生产厂家为辽宁省大连绿峰

化学股份有限公司。剂型为99.5%氯化苦原液及胶囊。

使用注意事项：

（1）该药附着力较强，必须有足够的散气时间，才能使毒气散尽。

（2）种子的胚部对氯化苦吸收力最强，熏蒸后影响发芽率，种子含水量越高，发芽率降低越多。因此土壤熏蒸后，在播种前需要做种子发芽试验。

（3）在作物定植前进行土壤熏蒸，每个作物周期最多一次，在作物生长期，严禁使用该药剂。氯化苦胶囊可在作物生长期用于发病中心"打补丁"。

（4）如使用碱性肥料，必须在该药剂完全挥发后施用。土壤熏蒸的覆膜时间及熏蒸效果取决于土壤的种类、温度、湿度及作物种类等。

（5）氯化苦对铜有很强的腐蚀性，使用时对仓库内的电源开关、灯头等裸露器材设备应涂上凡士林加以保护。使用后的注射器、动力机应立即用煤油等进行清洗。

（6）该药有极强的催泪性，在使用时必须佩戴防毒面具和手套，注意风向，在上风头作业。

（7）吸入毒气浓度较大时，会引起呕吐、腹痛、腹泻、肺水肿；皮肤接触可造成灼伤。如发现中毒症状应采取急救措施，给中毒者吸氧，严禁人工呼吸。眼睛受到刺激后用硼酸或硫酸钠溶液清洗。

2. 棉隆

棉隆(dazomet)又名必速灭，化学名称为3，5-二甲基-1，3，5-噻二嗪-2-硫酮，分子式为$C_5H_{10}N_2S_2$。

理化性质：原粉为灰白色针状结晶，纯度为98%～100%，熔点104～105℃。溶解度(20℃)分别为水中0.3%、丙酮17.3%、氯仿

有效成分含量：98%
剂型：微粒剂

39.1%、乙醇1.5%、二乙醚0.6%、环乙烷40%、苯5.1%。常规条件下储存稳定，遇湿易分解。

毒性：按照我国农药毒性分级标准，棉隆属于低毒。大鼠急性经口LD_{50}为562毫克/千克；急性经皮LD_{50}大于2 000毫克/千克。对眼睛黏膜和皮肤均无刺激性，弱致敏性。在试验剂量内，对动物无致畸、致癌作用。对鲤鱼LC_{50}（48小时）为10毫克/升，对蜜蜂无毒害。

作用特点：棉隆是一种广谱性土壤熏蒸剂，对病菌、线虫、杂草及地下害虫均有杀灭作用。该药剂易在土壤及其他基质中扩散，尤其是杀线虫作用全面而持久，并能与肥料混用。该药剂使用范围广，不会在植物体内残留。

制剂：国内生产厂家主要有江苏南通施壮化工有限公司，登记的主要剂型有98%微粒剂和98%原药。

使用注意事项：

（1）棉隆为土壤熏蒸剂，对植物有杀伤作用，不可施用于作物表面或拌种。

（2）棉隆施于土壤后，受土壤温度、湿度及土壤结构影响甚大，为了保障获得良好的防治效果并避免产生药害，土壤温度以12～15℃为宜，土壤相对湿度应保持在40%～70%

（3）该药对鱼有毒性，使用时应远离鱼塘。

（4）为避免处理后的土壤被污染，基肥应在施药前加入，

这种药剂会污染池塘的！

棉隆

揭膜时不要将未消毒的土壤带入田中，并避免通过鞋、衣服或劳动工具等将未消毒的土壤或杂物带入。

3. 威百亩

威百亩（metham-sodium）又名维巴姆、线克、斯美地、保丰收，化学名称为N-甲基二硫代氨基甲酸钠，分子式为$C_2H_4NNaS_2 \cdot 2H_2O$，是一种具有杀线虫、杀菌、杀虫和除草活性的土壤熏蒸剂。

理化性质：威百亩二水化合物为无色晶体，其在水中的溶解度（20℃）为722g/L，在乙醇中有一定的溶解度，在其他有机溶剂中几乎不溶。浓溶液稳定，但稀释后不稳定，土壤、酸和重金属盐促进其分解。与

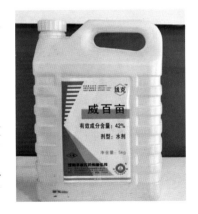

酸接触释放出有毒气体，水溶液对铜、锌等金属有腐蚀性。

毒性：大鼠急性经口LD_{50}雄性为1 800mg/kg，雌性为1 700mg/kg；兔急性经皮LD_{50}为130mg/kg。对皮肤有轻微刺激，刺激眼睛、皮肤和器官，与其接触按烧伤处理。对水生生物极毒，可能导致对水生环境的长期不良影响。

作用特点：威百亩为具有熏蒸作用的土壤杀菌剂、杀线虫剂，兼具除草和杀虫作用，用于播种前土壤处理。对黄瓜根结线虫、花生根结线虫、烟草线虫、棉花黄萎病、苹果紫纹羽病、十字花科蔬菜根肿病等均有效，对马唐、看麦娘、马齿苋、豚草、狗牙根、石茅和莎草等杂草也有很好的效果。

制剂：国内生产厂家有利民化工股份有限公司、辽宁省沈阳丰收农药有限公司；主要剂型有35%、42%威百亩水剂。

使用注意事项：

（1）威百亩若用量和施药方式不当，对作物易产生药害，应特别注意。

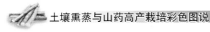

(2) 该药在稀溶液中易分解，使用时应现配。

(3) 该药能与金属盐起反应，在包装时应避免用金属器具。

(4) 不能与波尔多液、石硫合剂及其他含钙的农药混用。

4. 噻唑磷

噻唑磷（fosthiazate）又名福气多，化学名称为O-乙基-S-仲丁基-2-氧代-1，3-噻唑烷-3-基硫代膦酸脂，分子式为$C_9H_{18}NO_3PS_2$，是由日本石原产业公司研制，现由日本石原公司和先正达公司共同开发的非熏蒸型硫代膦酸酯类杀虫、杀线虫剂。

理化性质：纯品为深黄色液体（原药为浅棕色液体），沸点198℃（66.7帕），相对密度1.24（20℃），蒸气压0.56毫帕（25℃），辛醇-水分配系数为1.68，溶解度为水9.85克/升（20℃），

正己烷15.14克/升（20℃）。

毒性：急性经口LD$_{50}$雄性大鼠为73毫克/千克，雌性大鼠为57毫克/千克。急性经皮LD$_{50}$雄性大鼠为2 396毫克/千克，雌性大鼠为861毫克/千克。

作用特点：

（1）杀线虫范围广，对根结线虫、根腐线虫、茎线虫、胞囊线虫等都有很好的防治效果。

（2）对线虫的运动具有强力的阻害及杀线虫力。药效稳定，效果好。

（3）在植物中有很好的传导作用，能有效防止线虫侵入植物体内，也能有效杀死已侵入植物体内的线虫。同时对地上部的害虫，如蚜虫、叶螨、蓟马等也有兼治效果。

（4）杀线虫持效期长，一年生作物有2～3个月，多年生作物有4～6个月。

（5）杀线虫效果不受土壤条件的影响。剂型使用方便，不需换气。药剂处理后能直接定植。

（6）对人、畜安全，对土壤中的有益微生物几乎无影响，对环境无污染。

制剂：国内生产厂家较多，如河北威远生化农药有限公司、山东联合农药工业有限公司。主要剂型有5%、10%、15%噻唑磷颗粒剂、30%噻唑磷微囊悬浮剂。

使用注意事项：

（1）使用方法不当、超量使用或土壤水分过多时容易引起药害，按推荐剂量正确使用。

（2）对蚕有毒性，勿使药液飞散到桑园。

5. 二甲基二硫

二甲基二硫是一种人工合成、不溶于水、无色或浅黄色、带有毒性的化学试剂。对害虫具有触杀和胃毒作用，对作物具有一定渗透性，但无内吸传导作用，杀虫广谱，作用迅速。具有消毒、灭虫、杀螨、防病的作用。因此可以起到防治土壤中土传病害、线虫、害虫的作用。

理化性质：纯品为无色液体，不纯品呈非透明液体，有硫化物异臭味。熔点－84.7℃，沸点109.6℃，密度1.06克/厘米³，不溶于水，溶于乙醇、乙醚和烃类，易燃，爆炸极限为1.1%～16.0%，易挥发，易与金属作用分解。

毒性：大鼠急性吸入LC_{50}为15.85毫克/米³（2小时）；小鼠吸入LC_{50}为12.30毫克/米³（2小时）。

作用特点：可致线粒体功能紊乱，从而抑制呼吸作用；并作为一种神经毒剂作用于靶标生物的钙激活钾离子通道。其与氰化物的作用位点一致，都是电子传递链的末端氧化酶（细胞色素氧化酶），阻断电子向O_2的传递，抑制呼吸作用。在神经活性中，其通过改变突触前膜的活动，最终使突触后神经元兴奋性降低，从而引起抑制。

制剂：目前二甲基二硫用作土壤熏蒸剂还在登记中。

使用注意事项：

（1）使用和储存时应远离火源，穿戴适当的防护服、手套和护目镜（或面具）。通风不良时，须佩戴适当的呼吸器。

（2）避免释放到环境中。

四、土壤熏蒸施药技术

1.氯化苦注射施药法

农业行业标准《氯化苦土壤消毒技术规程》（NY/T 2725—2015）已于2015年8月正式颁布实施。

氯化苦注射施药法即将液体氯化苦熏蒸剂通过特制的注射施药器械均匀地施入土壤中，目前有手动和机动专用施药器两种。

（1）施药量　根据重茬时间的长短不同，每平方米推荐使用99.5%氯化苦液剂50～80克。

（2）土壤条件　在土壤熏蒸前2～6天将土

NY

中华人民共和国农业行业标准

NY/T 2725—2015

氯化苦土壤消毒技术规程

Technical code of practice for chloropicrin soil disinfestation

中华人民共和国农业部　发布

壤浇透水。黏性土壤提前4～6天浇水，沙性土壤提前2～4天浇水。如已下雨，土壤耕层基本湿透，可省去该步骤。

浇水后，当土壤相对湿度为65%左右时进行旋耕。旋耕时充分碎土，清除田间土壤中的植物残根、秸秆和大的土块、石块等（旋耕后土壤相对湿度保持在65%左右，衡量标准为手握成团、松开落地即散）。

（3）施药方法

①手动器械注射施药法：将药剂注入地表下15～30厘米深的土壤中，注入点间距为30厘米，将药剂均匀注入土壤内，每孔用药2～3毫升，边注入

手动器械注射施药

边用脚将注药穴孔踩实，操作人员须逆风向行进操作。该方法操作简单，但功效较低，适用于小面积施药。

　　②动力机械注射施药法：动力机械注射施药法是通过机械动力驱动，用"凿式"结构的注射装置将药剂注入土壤中。在确定施药量后，调节好注射量，将药桶置于专用的施药机械上，该机械需配置6马力[*]以上的拖拉机。每隔30厘米注药2～3毫升，注射深度为15～30厘米，根据作物

动力机械注射施药

---

　　[*]马力为非法定计量单位，1马力≈735瓦。全书同。

扎根深度可适当加深。

(4) 覆盖塑料薄膜 为了防止药剂挥发，每完成一块地施药需要立即覆盖塑料膜。覆盖塑料膜应按照膜的宽度，在施药前提前开沟，将膜反压后用土盖实，防止漏气，在塑料薄膜上面适当加压部分袋装、封好口的土壤或沙子(0.25～0.50千克)，以防刮风时将塑料薄膜刮起或刮破，发现塑料薄膜破损后需及时修补。塑料薄膜应采用0.03～0.04毫米的原生膜，不得使用再生膜。

覆盖塑料薄膜

(5) 揭膜 温度越低，覆盖塑料膜的时间应越长。

在夏季，通常覆膜时间为7～14天。揭膜时，先掀开膜的两端，通风1天后，再完全揭开塑料膜，揭膜后的散气时间一般为7～14天。

　　注意计算好开始熏蒸的时间，以保障有足够的熏蒸和散气时间，且不耽误播种。为了使土壤中残存的药剂散尽，可用清洁的旋耕机再次旋耕土壤。确定药剂已全部散尽后（可做蔬菜种子发芽率对比测试），开始起垄、移栽。

土壤10厘米处温度（℃）	密封时间（天）	通气时间（天）
＞25	7～10	5～7
15～25	10～15	7～10
12～15	15～20	10～15

（6）注意事项

①适宜的天气：适宜熏蒸的土壤温度是土表以下15厘米处15～20℃。

避免在极端天气下（低于10℃或高于30℃）进行熏蒸操作，夏天尽量避开中午天气炎热时段施药。

②作业环境：向手动注射器内注药时应避开人群，杜绝围观，禁止儿童在施药区附近玩耍。将注射器出药

防护眼镜

防毒面罩

口插入地下。施药时必须逆风向作业。无明显风力的小面积低洼地且旁边有其他作物时不宜施药。施药地块周边有其他作物时,需要边注药边盖膜,防止农药扩散影响周边作物的生长。

培训土壤熏蒸施药作业人员

③安全防护措施:施药人员进行配药和施药时需戴手套,严禁光脚和裸露皮肤,必须佩戴有效的防毒面罩、防护眼镜及防护隔离服。

④培训:施药人员需经过安全技术培训,培训合格后方能操作。

⑤器械清洗和废弃物处理：施药后，器械应用煤油冲刷，防止腐蚀；手动注射工具，使用半天后就需要清洗。严禁在河流、养殖池塘、水源上游、浇地水沟内清洗施药器械及包装物品。施药后用过的包装材料应收集在一起，集中进行无害化处理。

⑥氯化苦的储藏：氯化苦药剂应存放在干燥通风的库房内，远离火种、热源、氧化剂、强还原剂、发烟硫酸等，不得与食物、饲料等混放。存储时间不超过2年。

⑦氯化苦的运输：氯化苦属于危险类化学品，是国家公安、安检部门专项管理的产品，需由专门的危险品运输车辆运输，严禁私自运输。装卸时应轻拿轻放，防止包装破损，运输过程中应用棚布盖严，以防阳光直射或受潮。

2. 棉隆混土施药法

该方法简便易行，可借助机械实现大量、快速施药，主要优点为：

☆ 高效：一台大型施药机1小时可施药1公顷；

☆ 安全性好：对施药人员安全；

☆ 简便、易掌握；

☆ 施药成本低。

棉隆混土施药法主要分为4个步骤：撒施→混土→浇水→覆膜。

（1）混土施药 棉隆的用量受土壤质地、温度和湿度的影响，通常

山药田推荐用量为44.1克/米²。施药前应仔细整地，去除病残体及大的土块。大型施药机将棉隆均匀撒施或沟施后，再通过旋耕机完成混土，旋耕深度应达到30～40厘米，使药剂与土壤充分混合均匀。

旋耕施药机施棉隆

（2）浇水　施用棉隆后应浇水，水分应保持在70%以上，土壤10厘米处的温度最好在12℃以上。

浇　水

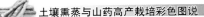

（3）覆膜　覆膜的程序和要求与氯化苦注射施药法相同。塑料薄膜应采用0.03～0.04毫米的原生膜，不得使用再生膜。棉隆应于播种或移栽前至少4周使用。

覆　膜

土壤10厘米处温度(℃)	盖膜密封时间(天)	揭膜散气时间(天)
>25	10~15	7~10
15~25	15~20	10~15
10~15	20~30	15~20

安全施药注意事项：

（1）严禁使用棉隆拌种；

（2）人工撒施需戴手套操作；

（3）揭膜后应保证充分的散气时间，以免作物出现药害；

（4）施药后用过的包装材料应收集在一起，集中进行无害化处理。

3.威百亩化学灌溉法

化学灌溉是用滴灌施用农药的一种精确施药技术，可施用威百亩等液体药剂。化学灌溉法具有下列优点：

☆ 施药均匀；

☆ 可按农药规定的剂量精确施药；

☆ 可将不同的农药品种混合使用；

☆ 减少土壤板结；

☆ 减少农药对施用者的危害；

☆ 减少农药用量；

☆ 减少施药人员的劳动强度。

威百亩化学灌溉

（1）施药量　防治对象不同，使用剂量有很大的差别。一般使用有效剂量为35毫升/米²，合35%水剂约100毫升/米²。

> 防治对象不同，使用剂量有很大的差别。一般使用有效剂量为35毫升/米²，合35%水剂约100毫升/米²。防治根结线虫，用量需进一步提高。

(2) 土壤条件　彻底移除前一季的剩余作物残渣。深耕作物（30～40厘米）还要施用适宜剂量的肥料。施用天然有机肥如粪便之后至少留3周的等待期再施用威百亩，以避免威百亩被肥料吸收进而引起其使用效果的下降。后用水漫灌土壤，土壤可在空气中稍微风干。轻沙质土风干时间为4～5天，重黏质土为7～10天。土壤采用旋耕机耕作以保持土壤在处理前适度均匀、通气。土壤质地、湿度和土壤pH对威百亩的释放有影响。在处理前，应确保无大土块；土壤相对湿度必须是50%～75%；在表土5.0～7.5厘米处的土温为5～32℃。

(3) 施药时间　夏季避开中午天气暴热时施药。

(4) 施药方法　首先安装好滴灌设备，滴灌系统可安装在平地或隆起的种植床上。无论哪种情况，毛管的长度和数量应该与供水管的尺寸匹配。

平铺滴灌系统设计：推荐在平地上施用威百亩，塑料膜应紧贴土壤以确保威百亩很好地渗透进土壤而达到最佳熏蒸效果。当熏蒸剂散发尽后再起垄山药苗床。与滴灌管线的最大距离须保持在40厘米以内（25～30厘米更佳），以确保土壤中活性成分的散布和覆盖。

垄畦上的滴灌系统设计：威百亩在山药等垄畦作物上的施药比平床更实用，尽管这会导致不足量的药品在土壤中分布。为了克服药品量分布的不足，塑料膜应紧贴在种植床的两侧（熏蒸前保持65%的土壤相对湿度）。

安装好的滴灌装备

调节好滴灌管线的距离

安装好灌溉系统后，在田地四边挖沟。土壤用聚乙烯膜覆盖。强烈推荐采用防渗透膜，因为其可以减少熏蒸剂穿透过膜的损失，并且可以降低熏蒸剂的使用量而达到较好的防效。塑料膜需牢牢地或密封地固定在土壤上，以保持土壤最适宜的温度和湿度。

覆盖塑料膜并固定

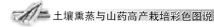

推荐由土壤熏蒸专业技术人员进行威百亩施药，施用步骤如下：
①灌溉几分钟以湿润土壤，建立灌溉系统压力。

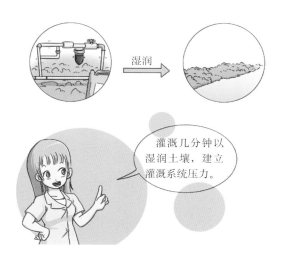

湿润

灌溉几分钟以湿润土壤，建立灌溉系统压力。

②威百亩采取5%～10%的稀释比例（由于威百亩在稀溶液中很不稳定，稀释比例不得低于4%），采用不锈钢正排量注射泵，每1 000米² 150升的施用量。以上述稀释比例，施药持续时间不超过10～15分钟。如结合太阳能消毒，施药量可降至每1 000米² 100～120升。

③威百亩施药完成后，以施药期间3倍的水量灌溉土壤一段时间。这样可以确保威百亩以及其副产物迁移到目标根深度（大约25厘米）并可以冲洗灌溉系统。

需要特别注意的是通过吸肥器施药时，应防止药液倒流入水源而造成污染。因此，通过滴灌施用农药，应有防水流倒流装置。在关闭滴灌系统前，应先关闭施药系统，用清水继续滴灌20～30分钟后，再关闭滴灌系统。如果无防止水流倒流装置，可先将水放入一个至少100升的储存桶中，或用塑料布建一个简易水池，然后将水泵施入储存桶或水池中。

(5) 消毒时间及散气 威百亩施用后，塑料膜须在土壤中保留21天，以达到最佳的处理效果和最小的作物药害。等候期不需浇水。21天后，可移除塑料膜，需小心避免带入未覆盖区域的土壤而造成处理区土壤再次污染。散气7～10天后进行整地、药害测试、移栽。

4. 噻唑磷施药法

噻唑磷乳油可以通过灌根的方法施用；噻唑磷颗粒剂可以通过土壤撒施的方法施用。

10%噻唑磷颗粒剂的施用：种植前每亩*用药剂1.5～2千克，拌细干土40～50千克，均匀撒于土表或畦面，再用旋耕机或工具将药剂和土壤充分混合，药剂和土壤混合深度需达20厘米。也可均匀撒在沟内或定植穴内，再浅覆土。施药后当日即可播种或定植。

＊亩为非法定计量单位，15亩＝1公顷。全书同。——编者注

5. 二甲基二硫注射施药法

二甲基二硫注射施药法即通过特制的注射施药器械将二甲基二硫熏蒸液剂均匀地施入土壤中，目前有手动和机动专用施药器两种。

（1）施药量　根据重茬时间的长短不同，每平方米推荐使用95%二甲基二硫液剂40～70克。

（2）土壤条件　通过提前3～5天浇水或雨后保持土壤相对湿度为65%左右时，再进行旋耕。旋耕时充分碎土，清除田间土壤中的植物残根、秸秆和大的土块、石块等（旋耕后土壤相对湿度保持在65%左右，衡量标准为手握成团、松开落地即散）。

（3）施药方法　通过机械动力驱动，用"凿式"结构的注射装置将药剂注入土壤中。在确定施药量后，调节好注射量，将药桶置于专用的施药机械上，该机械需配置6马力以上的拖拉机。每隔30厘米注药2～3毫升，注射深度为30厘米左右，根据作物扎根深度可适当加深。

（4）覆盖塑料薄膜　为了防止药剂挥发，每完成一块地施药需要立即覆盖塑料膜。覆盖塑料膜应按照膜的宽度，在施药前提前开沟，将膜反压后用土盖实，防止漏气。风大的地区，在塑料薄膜上面适当加压部分袋装、封好口的土壤或沙子（0.25～0.5千克），以防刮风时将塑料薄膜刮起或刮破，发现塑料薄膜破损后需及时修补。塑料薄膜应采用0.03～0.04毫米的原生膜，不得使用再生膜。

镇压铺好的薄膜

óng

（5）揭膜　温度越低，覆盖塑料膜的时间应越长，在夏季，通常覆膜时间为7～14天。揭膜时，先掀开膜的两端，通风1天后，再完全揭

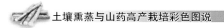

开塑料膜，揭膜后的散气时间一般为7 ～ 14天。

注意计算好开始熏蒸的时间，以保障有足够的熏蒸和散气时间，且不耽误播种。为了使土壤中残存的药剂散尽，可用清洁的旋耕机再次旋耕土壤。确定药剂已全部散尽后(可做蔬菜种子发芽率对比测试)，开始起垄、移栽。

土壤10厘米处温度（℃）	盖膜密封时间（天）	揭膜散气时间（天）
>25	7～10	5～7
15～25	10～15	7～10
12～15	15～20	10～15

(6) 注意事项

①适宜的天气：适宜熏蒸的土壤温度是土表以下15厘米处温度为

15 ～ 20℃。

　　避免在极端天气下（低于10℃或高于30℃）进行熏蒸操作，夏天尽量避开中午天气炎热时段施药。

　　②作业环境：注药时应避开人群，杜绝围观，禁止儿童在施药区附近玩耍。施药时必须逆风向作业。无明显风力的小面积低洼地且旁边有其他作物时不宜施药。施药地块周边有其他作物时，需要边注药边盖膜，防止农药扩散影响周边作物的生长。

　　③安全防护措施：施药人员进行配药和施药时，需戴手套，严禁光脚和裸露皮肤，必须佩戴有效的防毒面具、防护眼镜及穿防护隔离服。

　　④培训：施药人员需经过安全技术培训，培训合格后方能操作。

　　⑤器械清洗和废弃物处理：施药后，器械应用煤油冲刷，防止腐蚀，严禁在河流、养殖池塘、水源上游、浇地水沟内清洗施药器械及包装物品。施药后用过的包装材料应收集在一起，集中进行无害化处理。

　　⑥二甲基二硫储存运输：储存于阴凉、良好通风处，避免阳光直射，

远离火源。需由专门的危险品运输车辆运输，严禁私自运输。

6. 火焰消毒法

火焰消毒法是通过释放高温火焰，杀死土壤中的病原生物。此外，火焰消毒还可使病土变为团粒，提高土壤的排水性和通透性。火焰消毒具有以下特点：

☆ 消毒速度快，均匀有效，只需用高温火焰持续处理土壤，使土壤保持60℃ 30分钟即可达到杀灭土壤中病原菌、线虫、地下害虫、病毒和杂草的目的，冷却后即可栽种；

☆ 不用覆盖塑料布；

☆ 无残留药害，无水源污染问题；

☆ 对人、畜安全；

☆ 无有害生物的抗药性问题；

☆ 无地域限制；

☆ 消毒后即可种植下茬作物，能有效保障农产品质量安全。

因此，高温火焰消毒法是一种良好的甲基溴替代技术，该方法在我国正在逐步使用。

火焰消毒是通过土壤火焰消毒机来处理土壤，从而达到杀虫、杀菌、除草效果的土壤消毒方法。经过该设备处理后土壤根结线虫杀灭率可达到95%以上(环境温度在25℃ ±2℃时)。火焰消毒一次处理后对疫霉属的杀菌率为50%以上，二次处理后对疫霉属的杀菌率为75%以上。一次处理对镰刀菌属的杀菌率为60%以上，二次处理对镰刀菌属的杀菌率为80%以上。对样品理化性质进行分析，一次火焰消毒可使土壤相对湿度降低27%，二次处理使相对湿度降低52%。对土壤可溶性有机氮进行分析，一次消毒和二次消毒都可使土壤铵态氮和硝态氮含量增加。该技术的优点是：

土壤火焰消毒技术的成熟使物理消毒方式取代农药化学消毒方式成为可能，成为一种具有应用前景的土壤消毒技术。

火焰消毒

土壤翻耕、土壤温度、土壤湿度、气候情况对土壤熏蒸效果有很大的影响，具体技术要点如下：

1.深耕土壤

正确的土壤准备是影响土壤熏蒸效果最重要的因素。土壤需仔细翻耕，如苗床一样，无作物秸秆、无大的土块，特别应清除土壤中的残根。因为药剂一般不能穿透残根、杀死残根中的病原菌。山药栽植沟深度要达到1米左右，沟两边土壤疏松深度要达35厘米以上。保持土壤的通透性将有助于熏蒸剂在土壤中的移动，从而达到均匀消毒的效果，也有利于生育期山药根茎的伸长和膨大。

机械深耕土壤

2. 土壤温度

土壤温度对熏蒸剂在土壤中的移动有很大的影响。同时土壤温度也影响土壤中活的生物体。适宜的土壤温度有助于熏蒸剂的移动。如果温度太低，熏蒸剂移动较慢；温度太高，则熏蒸剂移动加快。适宜的温度是让靶标生物处于"活的"状态，以利于将其更好地杀灭。通常适宜的土温是土壤15厘米深处为15～20℃。

通常适宜的土温是土壤15厘米深处为15～20℃。

3.土壤湿度

适宜的土壤湿度可确保杂草的种皮软化，使有害生物处于"活的"状态，有充足的湿度"活化"熏蒸剂，如威百亩和棉隆。此外，湿度有助于熏蒸剂在土壤中的移动。通常土壤相对湿度应在60%左右。为了获得理想的含水量，可在熏蒸前进行灌溉，或雨后几天再进行土壤消毒。在熏蒸前后，过分地灌溉则破坏土壤的通透性，不利于熏蒸剂在土壤中的移动。

通常土壤相对湿度应在60%左右。为了获得理想的含水量，可在熏蒸前进行灌溉，或雨后几天再进行土壤消毒。

4. 薄膜准备

由于熏蒸剂都易气化，并且穿透性强，因此薄膜的质量显著影响熏蒸的效果。推荐使用0.04毫米以上的原生膜，不推荐使用再生膜。如果塑料布破损或变薄，需要用宽的塑料胶带进行修补。当前最有效的塑料膜是不渗透膜，可大幅度减少熏蒸剂的用量。薄膜覆盖时，应全田覆盖，不留死角。薄膜相连处应采

覆盖塑料薄膜

用反埋法。为了防止四周塑料布漏气，如条件允可，可在塑料布四周浇水，以阻止气体从四周渗漏。如棚中有柱，应将柱周围的土壤消毒，不留未熏蒸土壤。

镇压覆膜

5.气候状况对熏蒸效果的影响

不要在极端的气候状况下进行熏蒸。大的降水或低温状况（如低于10℃）将减慢熏蒸剂在土壤中的移动。在极端的情况下，将导致作物产生药害。高温（高于30℃）将加速熏蒸剂的逃逸，意味着有害生物不能充分接触熏蒸剂，将导致效果降低。

1. 山药种薯消毒

采用多菌灵、甲霜灵+咯菌腈、菌肥颗粒剂、木霉+枯草芽孢杆菌等药剂进行药剂浸种处理，减少山药带菌，能够大大提高山药产量。

山药浸种处理

2. 熏蒸消毒后田园卫生的管理

土壤熏蒸消毒之后，避免病虫害的再进入是至关重要的。洁净的水源至关重要，许多病原菌都能通过浇水和灌溉进行传播。

3. 熏蒸消毒后种植时间

熏蒸后种植时间依赖于处理后的散气时间，让熏蒸毒气散发出去，以免种植作物时出现药害。熏蒸后种植时间很大程度上与熏蒸剂的特性和土壤状况有关，如土壤温度和湿度。当在低温和湿度较大时，应增加散气时间；当在高温和土壤干燥时，可减少散气时间；高有机质土壤应增加散气时间；黏土比沙土需要更长的散气时间。

七、露地山药高产栽培技术

1. 山药种薯消毒

（1）山药栽子的繁育　使用山药头，取块茎有芽的一节，长28厘米左右，采用多菌灵、甲霜灵+咯菌腈、菌肥颗粒剂、木霉+枯草芽孢杆菌等药剂进行浸种处理，减少山药带菌，能够使山药苗更粗、长势更好。

（2）山药段子的繁育　用7～10厘米山药段作为种薯是比较先进的栽培方法，既解决山药块茎数量不够问题，又能防止品种退化，增加产量。分切山药段子，一般栽种时边切边种，用300倍多菌灵药液浸泡1～2分钟，晾干后即可播种。细毛长山药和二毛山药可提前30天切段，两端切口处蘸草木灰和石灰，以减少病菌的侵染。

2.整地施肥

应该选择肥沃、疏松、排灌方便的沙壤土或轻壤土，忌盐碱和黏土地。栽植沟深度要达到70～100厘米，且土层内不能有黏土、沙土粒等

山药露地栽培

夹层，以利于土壤疏松透气和提温，避免影响山药根茎的伸长和膨大。刨沟应该在冬春农闲季节进行，按100厘米等行距或60～80厘米的大小行，沟深要达到100～120厘米，有条件的可采取机械刨沟。一般在土壤消毒后不推荐再使用农家肥，在土壤消毒前可以先施入农家肥，一同进行土壤消毒，消毒以后可以施用商品有机肥。一次性施足基肥，每亩有机肥用量为300～500千克。

3. 移栽定植

一般要求地表5厘米地温稳定超过9～10℃即可种植。有条件的也可使用地膜覆盖。把山药沟刨出的土分层捣碎，捡除砖头、石块和残余的山药茎、叶、根，然后回填，做成低于地表10厘米的沟畦，只留耕层的熟化土，以备栽种时覆土用。沟畦做好后，应该先趟平后灌水。山药沟浇透水后，将种苗纵向平放在预先准备好的10厘米深的深畦中央，然后覆土5厘米，在山药的两侧20厘米处施肥，每亩施尿素10～15千克、硫

山药栽植

酸钾40~50千克、过磷酸钙60~75千克，施肥后上面再覆土5厘米，使之成一小高垄。一般来说土杂肥等在熏蒸前使用，熏蒸后不再使用。株距25厘米左右，每亩密度为4 000~4 500株。

4. 田间管理

（1）中耕除草　中耕不仅可以保墒，同时可以提高地温，促进山药出土。播种后要及时中耕1~2次，出土后为防止滋生杂草，仍要进行2~3次浅耕。中耕时，距离山药近的地方要浅，距离山药远的地方要深。随着山药植株的长大，中耕时宜远离山药。每次浇水和降水后，土壤易板结，都应进行浅耕，以保持土壤良好的通透性，促进出苗和块茎膨大，并起到除草效果。山药出苗前，可用乙草胺进行土壤封闭性除草。出苗后，可用氟吡甲禾灵或精噁唑禾草灵防除各种杂草。

（2）高架栽培　山药出苗后几天就甩条，当山药茎蔓长至30厘米长时，要搭"人"字架，并及时引蔓上架。一般不摘除侧枝，但要及时摘

山药高架栽培

除不作留种用的气生茎，因为气生茎数量过多会影响山药块茎的膨大。架高1.5～2.0米，并且要牢固，以防被风吹倒。搭架前架杆也需要消毒，先清除架杆残存的残根和带病茎叶，可以利用太阳暴晒消毒。

（3）水分管理　当山药茎蔓长到1米左右时浇第一次水。此次浇水不宜过早，否则会延缓根系生长。水量宜小，不宜大水漫灌。7～10天后浇第二次水，此次水量可大些。以后的浇水要保持土壤见干见湿，基本上每隔15天浇一次水。当主蔓长到架顶、植株底部开始产生侧枝时，要保持土壤湿润。伏雨季节，每次大的降雨后，应及时排出积水和进行涝浇园，目的是为了降低地温，补充土壤空气，防止发病和死苗。

（4）追肥　一般在第二次或第三次浇水时进行第一次追肥，每亩追施尿素10～15千克。在山药豆开始膨大时进行第二次追肥，每亩追施硫酸钾复合肥30千克。在山药豆长成，有的山药豆开始脱落时进行第三次追肥，每亩追施硫酸钾复合肥15～20千克。生长后期可叶面喷施0.2%磷酸二氢钾和1%尿素，防早衰。

（5）病虫害防治　在山药栽培过程中，由于受土壤条件、天气变化、连作重茬、山药栽子带菌、肥料未腐熟等诸多不利因素的影响，常会发生一些生理性、非生理性病害，部分地块发病有逐年加重趋势。病害已

山药畸形

成为制约山药安全生产的瓶颈。

①生理性病害：如生理性黄叶，主要由于田间积水、植物缺素和药害肥害等造成；山药黑头，主要由于缺钙造成；山药畸形，主要由于山药生长点异物阻挡或营养不均造成。在山药栽培时通过选择地势较高、排灌方便、通气透水良好的地块，种植前洇沟沉实，并起高垄，雨后及时排水防涝；增施有机肥或其他钙肥等，或加大底肥中有机肥的用量，在山药块茎快速生长的7～8月，结合防病治虫，叶面喷施腐殖酸、氨基酸类叶面肥进行调节等方式解决。

②非生理性病害和虫害：非生理性病害主要有炭疽病、茎腐病、白涩病、线虫病、黑斑病等；虫害主要是地下害虫和叶蜂。关键是预防为主，结合农业防治和化学防治，把病虫造成的损失降低到最低限度。做好土壤消毒后不仅可以有效减少土传病害如山药真菌性病害、疫病的发生，而且还能减少山药草害的发生。

(6) 收刨和储藏　一般正常收获期是在霜降至封冻前，因为山药的茎叶遇霜就会枯死。零余子的收获一般比块茎早收30天，收刨的山药，冬季储藏在地窖中，温度以4～7℃为宜。10月下旬，地上部茎叶枯死时采收。收获时，先清除支架和茎蔓，自山药沟的一侧挖土，直到塑料套管全部露出，把山药和塑料套管一并取下，打开塑料套管取出山药即可。

山药挂沟收刨

八、山药主要病虫害防治

1. 山药炭疽病

(1) 病原　山药炭疽病主要为害山药的叶片和茎蔓，由胶孢炭疽菌(*Colletotrichum gloeosporioides*)、薯蓣盘长孢菌(*Gloeosporium pestis*)和辣椒炭疽菌(*Colletotrichum capsici*)等真菌引起。通常病菌混合为害，但以胶孢炭疽菌造成的损失最大。

(2) 为害症状　靠病土、病肥、病残体传播。叶部受害，初期叶脉上出现褐色小斑，扩大成圆形或不规则形病斑，边缘清晰，黑褐色，病斑后期轮生黑色小点，中部暗灰色，周围的健叶发黄；茎部受害，初期为黑色小点，病斑后期扩大成长条或不规则形，边缘黑褐色，中部下陷干缩、色浅。天气潮湿时轮生橘黄色黏质小点，后变黑色，病斑环绕茎时导致病部以上植株枯死。

（3）传播途径　病菌分生孢子盘和分生孢子在病叶、茎和腋芽中越冬，以腋芽中越冬成活率最高。

（4）发病条件　发病适温为25～30℃，大田靠雨水再侵染。多雨、高温、多雾、灌后遇雨、连作、排水不良、背阴、生长不良田发病重。

（5）防治方法　选地势高燥地块或高厢深沟种植；加强肥水管理。施足腐熟粪肥，增施磷、钾肥，合理灌水，控制田间湿度；收获后彻底清洁田园，把病残体全集中深埋或烧毁。重病地应土壤消毒处理再定植。发病初期开始喷洒32.5%苯甲·嘧菌酯悬浮剂1 500倍液或者250克/升嘧菌酯悬浮剂1 000倍液或40%多·福·溴菌可湿性粉剂600倍液、25%咪鲜胺乳油1 000倍液、2.5%咯菌腈悬浮剂1 200倍液，隔10～15天喷一次，连续防治2～3次。7月底至8月中旬遇连续阴雨，雨后应及时防治。

山药炭疽病症状

2. 山药褐斑病

（1）病原　山药褐斑病是由山药大褐斑尾孢霉（*Cerospora ipomoeoeae*）引起的真菌性病害，病菌分生孢子器黑色，呈扁球形或球形，有孔口，着生在山药叶片表皮内。

（2）为害症状　发病初期叶片上会出现圆形或不规则形的病斑，病斑周围边缘呈褐色，中间部位呈灰白色，斑面上现针尖状小黑粒即病原菌的分生孢子器，在病斑边缘会生有晕圈，水渍状，黄色至暗褐色。常与炭疽病并发，其与炭疽病最明显的区别在于病斑后期边缘微凸，中间淡褐色，病斑周围散生小黑点，严重时病斑融合，导致叶片枯死但不易落叶。当湿度较大时病斑长出灰黑色霉层，叶背颜色较浅。

（3）传播途径　病菌可越冬，随苗种传播。

（4）发病条件　相对湿度为90%、气温超过18℃的重氮、重茬性地块发病概率高，甚至可达80%，且常与炭疽病并发。发病时主要为害山

山药褐斑病症状

药的叶片，严重时会造成叶片脱落，影响叶片正常的光合作用，对山药的产量影响巨大。

（5）防治方法　选地势高燥地块或高厢深沟种植；加强肥水管理。施足腐熟粪肥，增施磷、钾肥，合理灌水，控制田间湿度；收获后彻底清洁田园，把病残体全集中深埋或烧毁。重病地应土壤消毒处理后再定植。雨季到来时及时喷洒75%百菌清可湿性粉剂600倍液或50%甲基硫菌灵悬浮剂600倍液、50%多菌灵可湿性粉剂600倍液、50%乙霉·多菌灵可湿性粉剂800～900倍液。

3. 山药灰斑病

（1）病原　该病主要由薯蓣色链隔孢（*Phaeoramulana dioscoreae*）引起。

（2）为害症状　发病部位为叶片，病叶先出现淡黄色病斑，后扩大为褐色椭圆形边缘不明显的大斑，叶背有紫灰色霉层。

（3）发病条件　病菌需要高温、高湿条件，高温季节，遇连续降雨

山药灰斑病症状

或重露多雾，病害就会发生，并极易流行。

（4）防治方法　本病危害性不大，发病初期及时喷洒75%百菌清可湿性粉剂600倍液、70%代森锰锌可湿性粉剂500倍液、58%甲霜灵·锰锌可湿性粉剂1 000倍液、50%多霉灵可湿性粉剂1 000倍液，或70%甲基硫菌灵可湿性粉剂800倍液叶面喷洒。发病初期可喷施50%多菌灵或70%甲基硫菌灵等药剂。

4.山药斑枯病

（1）病原　病原为薯蓣针孢菌（*Mycovellosiella corni*）。

（2）为害症状　发病初期，叶片出现褐色小病斑，接着小病斑会不断长大，一般呈不规则状或多角形。

（3）传播途径　病菌以分生孢子器在病叶上越冬，分生孢子借风雨传播。病斑的中间部位是褐色的，四周呈暗褐色，在其表面附着一些黑色的斑点，即病原菌的分生孢子器。

（4）发病条件　山药斑枯病在秋季发生较普遍，尤其是后期脱肥地块。主要为害山药的叶片，轻则病叶干枯，重则全株枯死。发病越早，山药减产越严重。随着病原的积累，该病在麻山药产区有日趋严重之势。

（5）防治方法　选地势高燥地块或高厢深沟种植；加强肥水管理。施足腐熟粪肥，增施磷、钾肥，合理灌水，控制田间湿度；收获后彻底清洁田园，把病残体全集中深埋或烧毁。重病地应经土壤消毒处理后再定植。防治药剂有58%甲霜灵·锰锌可湿性粉剂或25%甲霜·噁霉灵可湿性粉剂等。

5. 山药花叶病毒病

（1）病原　山药花叶病毒病致病病毒为山药花叶病毒（*Yam mosaic virus*、YMV）。病毒失毒温度55～60℃，体外存活期（25℃）12～24小时。

山药花叶病毒病症状

(2) 为害症状　全株系统感染，植株瘦弱，生长缓慢。叶片小，叶缘微有波状，有时畸形。叶面显现轻微花叶，叶脉多显示绿带。严重时叶片呈现黄绿或淡绿与浓绿相间斑驳，叶面凸凹不平，生长中后期有时产生一些坏死斑点。

(3) 传播途径　病毒可随种薯在储藏窖内越冬，带毒种薯是田间病毒的主要来源。在田间病毒主要由蚜虫传播，主要传毒蚜虫为桃蚜、棉蚜（瓜蚜）等。蚜虫传毒为非持久性传毒，传毒效率很高。

(4) 发病条件　病害发生轻重与种薯带毒率直接有关，带毒率高栽植后田间发病率就高。另外发病轻重也与蚜虫多少有关，蚜虫发生重病害就重。高温干旱一般有利于蚜虫繁殖与活动，病害发生加重。管理粗放，植株长势弱，发病重。

(5) 防治方法　建立无病留种田，选留无病种薯，单储单藏。栽植无毒健康种薯。适期早栽，使苗期与田间蚜虫盛发期错开，减少蚜虫过早传病。加强肥水管理，促使植株生长健壮，提高抗病能力。彻底铲除田间杂草。及早并连续防治蚜虫。发病初期喷布20%吗啉胍·乙铜可湿性粉剂500倍液，或0.5%菇类蛋白多糖水剂500倍液。

6. 山药疫病

（1）为害症状　山药疫病主要为害叶片、茎蔓。叶片感病，多从叶尖或叶缘开始，初生暗绿色油渍状小斑点，逐渐扩大呈不规则形，被害组织逐渐变褐干枯；叶柄感病时，病斑从叶柄向叶片和茎部同时扩展，病部逐渐变褐；茎蔓发病，初期与叶片症状相似，围茎近一周时，其上部茎（蔓）叶萎蔫枯死。

（2）传播途径和发病条件　该病致病菌可以随着雨水及气流传播。雨后湿度大、连阴天、温度在28℃左右则容易发生。

（3）防治方法　选地势高燥地块或高厢深沟种植；加强肥水管理。施足腐熟粪肥，增施磷、钾肥，合理灌水，控制田间湿度；收获后彻底清洁田园，把病残体全集中深埋或烧毁。重病地应经土壤消毒处理再定

植。播种前每亩撒施70%敌克松可湿性粉剂2.5千克，或70%甲霜灵·锰锌可湿性粉剂2.5千克，杀灭土壤中残留的病菌。出苗或定植后，每10～15天喷洒一次1：1：200等量式波尔多液，进行保护，防止发病，注意不要喷洒生长点。